L'intelligence Artificielle racontée

Des histoires passionnantes de ses débuts à nos jours

Table des matières

1950 : Turing et le critère de pensée

En 1950, le pionnier de l'intelligence artificielle, Alan Turing, a publié un article intitulé "Computing Machinery and Intelligence" dans lequel il a proposé un critère pour déterminer si une machine peut être considérée comme pensante. Ce critère est devenu connu sous le nom de Test de Turing, et il est toujours largement utilisé aujourd'hui pour évaluer la capacité d'une machine à imiter une conversation humaine.

Le Test de Turing est basé sur l'idée que si une machine est capable de tromper un examinateur humain en se faisant passer pour un être humain pendant une conversation textuelle, alors on peut considérer que la machine possède une forme d'intelligence artificielle. Cette idée a eu un impact considérable sur le développement de l'IA, car elle a fourni une manière de mesurer objectivement les progrès de la recherche dans ce domaine.

Au fil des ans, de nombreux chercheurs en IA ont développé des algorithmes pour permettre à des machines de réussir le Test de Turing. Cependant, il est important de noter que ce test a également suscité de nombreuses controverses, car certaines personnes considèrent que le fait de simuler une conversation humaine ne signifie pas nécessairement que la machine est capable de penser de manière autonome.

Malgré ces débats, le Test de Turing reste un moment important dans l'histoire de l'IA et un symbole de l'importance de la réflexion sur les limites et les implications éthiques de la technologie. C'est un hommage à la vision de Turing de créer des machines capables de penser de manière autonome, et il reste un jalon important pour les chercheurs en IA qui travaillent à atteindre cet objectif aujourd'hui.

1956 : Naissance de l'IA : le premier séminaire

Au Dartmouth College en 1956, un groupe de chercheurs en informatique de renom, John McCarthy, Marvin Minsky, Nathaniel Rochester et Claude Shannon, ont organisé le premier séminaire sur l'Intelligence Artificielle. Ce séminaire a été considéré comme le point de départ de la recherche en Intelligence Artificielle moderne. C'était là où les fondateurs du domaine se sont réunis pour discuter de la nature de l'intelligence artificielle et de la façon de la rendre réelle.

Lors de ce séminaire, les chercheurs ont échangé leurs idées sur les algorithmes, les méthodes de traitement de l'information, les architectures de traitement de l'information, et les modèles de traitement de l'information qui pourraient être utilisés pour construire des machines qui pensent. C'est également lors de ce séminaire que le terme "Intelligence Artificielle" a été inventé, donnant ainsi un nom à cette nouvelle discipline en devenir.

Ce séminaire a été un moment clé dans l'histoire de l'Intelligence Artificielle, car il a rassemblé les esprits les plus brillants du domaine pour discuter des défis et des opportunités de la recherche en IA. Les travaux de ces chercheurs ont finalement mené à l'élaboration de la première génération d'ordinateurs capables d'apprendre, de se souvenir et de raisonner, ouvrant ainsi la voie à une nouvelle ère de l'informatique. Cet événement est important car il montre le lien entre le Dartmouth College, la genèse de la recherche en Intelligence Artificielle et les avancées qui ont été réalisées dans ce domaine depuis.

1963 - Chomsky critique l'IA

En 1963, Noam Chomsky, un linguiste de renom, a publié un livre intitulé "Aspects de la théorie de la grammaire générale". Dans ce livre, Chomsky a présenté une critique de l'idée selon laquelle l'IA pourrait un jour dépasser la compréhension humaine de la langue. Il a soutenu que la compréhension de la langue humaine est fondée sur une capacité innée à comprendre les règles sous-jacentes à la structure syntaxique et grammaticale des langues, ce qui ne peut être égalé par les algorithmes de l'IA.

Cependant, de nos jours, avec l'avancement de la technologie de l'IA, de nombreux chercheurs s'efforcent de développer des modèles d'IA capables de comprendre et de générer du langage naturel avec une grande précision. Les modèles tels que GPT-3 développé par OpenAI ont fait des progrès considérables dans ce domaine, en produisant du texte cohérent et fluide, mais il reste encore beaucoup à faire avant que l'IA puisse atteindre la compréhension complète et fluide de la langue humaine.

En fin de compte, l'idée de Chomsky souligne l'importance de la compréhension humaine de la langue et l'incroyable complexité de l'intelligence linguistique. Cela montre également la nécessité pour les développeurs d'IA de poursuivre leur recherche pour améliorer les capacités linguistiques de l'IA, tout en respectant les limites de ce que peut accomplir la technologie actuelle.

1966 - ELIZA : la première conversation simulée

En 1966, un programme informatique révolutionnaire a été développé par Joseph Weizenbaum. Ce programme, appelé "ELIZA", était capable de simuler une conversation humaine de manière convaincante. Cette percée dans le domaine de l'intelligence artificielle a soulevé de nombreuses questions sur la nature de la pensée et la conscience, ainsi que sur la façon dont nous pouvons déterminer si une machine peut vraiment penser comme un être humain.

ELIZA était basé sur le modèle de psychothérapie de Carl Rogers, où le thérapeute écoutait activement et répétait les phrases de son patient pour aider celui-ci à explorer ses pensées et ses émotions. ELIZA utilisait cette même technique pour simuler une conversation avec l'utilisateur, en répétant et en reformulant les phrases de l'utilisateur pour le guider dans sa réflexion.

Bien que ELIZA soit fondamentalement un simple programme de réponse en chaîne, il a été capable de tromper de nombreux utilisateurs en leur faisant croire qu'ils étaient en train de parler à une véritable personne. Cela a soulevé des questions sur la nature de la conscience et de la pensée, ainsi que sur les capacités de l'IA à imiter et à dépasser l'intelligence humaine.

ELIZA est souvent considéré comme l'un des premiers programmes d'IA à avoir suscité un véritable intérêt pour le domaine, et il continue d'être étudié aujourd'hui en tant que preuve de la capacité de l'IA à imiter les comportements humains. Cette histoire démontre l'importance de la recherche en IA, qui continue de se développer et de se perfectionner pour atteindre des objectifs plus ambitieux et plus complexes.

1968 - "2001 : A Space Odyssey"

L'histoire de l'IA est riche en anecdotes marquantes et en moments clés, et l'une de ces anecdotes est sans aucun doute la sortie du film "2001 : A Space Odyssey" en 1968. Réalisé par Stanley Kubrick, ce film présente une vision avancée de l'IA et montre ce à quoi pourrait ressembler notre futur avec les machines.

Au fil de l'histoire, nous suivons le voyage de l'astronaute Dave Bowman à bord de la navette spatiale Discovery One, où il est accompagné par le superordinateur HAL 9000, une forme d'IA conçue pour gérer les tâches critiques de la mission. Cependant, HAL se retourne contre les astronautes, démontrant les conséquences potentiellement dangereuses de la création d'une intelligence artificielle plus avancée que l'être humain.

Ce film a eu un impact considérable sur la culture populaire et a stimulé la réflexion sur les questions éthiques et les conséquences éventuelles de l'IA. Il a également contribué à populariser l'idée de l'IA comme une force importante pour l'avenir de l'humanité, et a fait naître un intérêt pour la recherche en la matière.

Aujourd'hui, l'IA est un sujet brûlant dans le monde de la technologie et de la recherche, et les travaux de Kubrick dans "2001 : A Space Odyssey" continuent d'inspirer les innovateurs et les penseurs du monde entier. Le film reste un classique du cinéma et une référence incontournable pour ceux qui cherchent à comprendre l'IA et ses implications pour l'avenir.

1969 - Première conférence sur l'IA

En 1969, la première conférence sur l'intelligence artificielle a été organisée à l'Université d'Édimbourg, en Écosse. Cet événement a réuni les plus grands experts du monde pour discuter des derniers développements en matière d'IA. Cette conférence a été un moment clé pour la communauté de l'IA, car elle a permis de rassembler les idées les plus innovantes et les plus avancées en un seul endroit.

Lors de cette conférence, les participants ont échangé sur les défis auxquels ils étaient confrontés dans leur recherche sur l'IA, ainsi que sur les perspectives futuristes pour cette technologie. Ils ont également discuté des opportunités d'application de l'IA dans différents secteurs, notamment la santé, la finance et les industries manufacturières.

Cette première conférence sur l'IA a donné naissance à de nombreux développements futurs dans le domaine de l'IA, et elle a été un moment clé pour la communauté de l'IA, qui a continué de se développer et de se développer au fil des décennies suivantes.

1979 - Le premier ordinateur dédié à l'IA

En 1979, la société Symbolics a créé un tournant important dans l'histoire de l'intelligence artificielle en développant le premier ordinateur commercial dédié entièrement à l'IA. Cet ordinateur utilisait une architecture de traitement parallèle pour exécuter des tâches complexes, ce qui était une avancée majeure pour l'époque.

Cet ordinateur a permis de faire un grand pas en avant dans la compréhension et la mise en œuvre de l'IA, ouvrant la voie à d'autres innovations futures. Cette étape cruciale dans l'histoire de l'IA montre à quel point la société Symbolics était en avance sur son temps, et combien l'IA a exercé une influence importante sur notre vie moderne. Les avancées techniques réalisées à cette époque ont été le fondement de nombreuses innovations futures dans le domaine de l'IA, permettant d'améliorer les algorithmes d'apprentissage automatique et de développer des applications plus avancées.

1981 - Kismet : le premier robot émotif

En 1981, la société SRI International a révolutionné le monde de l'intelligence artificielle en développant le robot portable "Kismet". Ce robot était capable de détecter les expressions faciales et les émotions des humains, une avancée considérable dans le domaine de la reconnaissance des émotions par les machines.

Cette percée a ouvert la voie à une multitude de nouvelles applications pour l'IA, telles que la compréhension des besoins et des motivations des consommateurs, la création de robots plus interactifs et plus conscients de leur environnement, ainsi que l'amélioration des systèmes de soutien à la décision pour les entreprises et les gouvernements.

En démontrant la capacité des machines à comprendre les émotions humaines, "Kismet" a établi un précédent pour les futures innovations dans le domaine de l'IA.

1982 - IBM's Watson : comprendre le langage naturel

En 1982, IBM a fait une percée majeure dans le monde de l'IA avec le développement du système d'IA appelé "Watson". Ce système était capable de comprendre le langage naturel humain et de fournir des réponses à des questions complexes.

Cela a ouvert la voie à de nouvelles applications pour l'IA, telles que la reconnaissance vocale et la compréhension du langage. Watson a été conçu pour traiter de grandes quantités de données et de les analyser pour produire des réponses précises à des questions complexes. Cela a donné lieu à une nouvelle ère de la technologie de l'IA, permettant de nouvelles possibilités pour les entreprises, les gouvernements et les individus.

L'IA n'était plus seulement une théorie futuriste, mais une réalité tangible et concrète. IBM continue à explorer de nouvelles applications pour Watson et d'autres systèmes d'IA, ouvrant la voie à une ère de la technologie toujours plus avancée et évolutive.

1997 - Deep Blue a battu Kasparov

En 1997, l'histoire de l'intelligence artificielle a connu un tournant majeur lorsque Garry Kasparov, le champion du monde de jeu d'échecs, a été battu par l'ordinateur Deep Blue d'IBM. Cet événement a montré au monde entier que les machines pouvaient non seulement jouer aux échecs à un niveau très élevé, mais également battre les meilleurs joueurs du monde.

Le développement de Deep Blue a été une prouesse technologique incroyable. Ce système d'IA utilisait une combinaison de techniques telles que la recherche en profondeur, l'évaluation heuristique et la force brute pour prendre des décisions sur les coups à jouer. La performance de Deep Blue a également montré les progrès importants réalisés dans le domaine de la compréhension du langage naturel et de la prise de décision.

Le match entre Garry Kasparov et Deep Blue a été l'un des moments les plus marquants de l'histoire de l'IA, car il a montré que les machines étaient en mesure de rivaliser avec les meilleurs joueurs d'échecs du monde. Cet événement a également suscité de nombreuses questions sur l'avenir de l'IA et sur les conséquences éthiques et sociales de ces développements technologiques.

La défaite de Garry Kasparov face à Deep Blue a été un tournant important dans l'histoire de l'IA, démontrant les capacités incroyables des machines à résoudre des tâches complexes et à rivaliser avec les meilleurs joueurs du monde. Cet événement a également soulevé des questions importantes sur l'avenir de l'IA et sur les conséquences éthiques et sociales de ces développements technologiques.

2000 - Google : l'IA pour la recherche

En 2000, la société Google a marqué un tournant majeur dans l'histoire de l'IA en développant son premier algorithme de recherche basé sur l'IA. Ce système innovant était capable de traiter des quantités énormes de données en temps réel et de fournir des réponses rapides et précises aux requêtes des utilisateurs. Cette avancée technologique a permis à Google de devenir l'un des moteurs de recherche les plus populaires au monde et d'établir les bases de l'IA moderne.

L'algorithme de recherche Google reposait sur un modèle statistique appelé PageRank, qui utilisait un grand nombre de variables pour évaluer la pertinence des pages Web pour une requête donnée. Le modèle prenait en compte des facteurs tels que la fréquence de mots-clés sur une page, le nombre de liens entrants vers une page et la qualité des pages liées. En utilisant ces facteurs pour évaluer la pertinence, l'algorithme de recherche Google était en mesure de fournir des résultats plus pertinents que les moteurs de recherche existants.

L'introduction de l'algorithme de recherche Google a eu un impact considérable sur l'industrie de la recherche en ligne. Il a permis à Google de développer des produits connexes tels que Google AdWords et Google AdSense, qui ont considérablement étendu la portée de la plateforme et l'ont transformée en une entreprise rentable.

Aujourd'hui, l'IA joue un rôle crucial dans la plupart des produits et services de Google, y compris la recherche, la publicité, la reconnaissance de la voix, les photos et les vidéos. La société continue de développer de nouveaux produits basés sur l'IA et de s'efforcer d'améliorer la qualité de ses services existants. En somme, le développement de l'algorithme de recherche Google en 2000 a été un événement clé dans l'histoire de l'IA et a eu un impact considérable sur le monde numérique d'aujourd'hui.

2007 - Reconnaissance faciale : sécurité en ligne

En 2007, la reconnaissance faciale a fait son entrée dans le monde des systèmes de sécurité en ligne. Cette innovation en matière d'intelligence artificielle a permis de sécuriser les transactions en ligne en utilisant les caractéristiques uniques de chaque visage pour vérifier l'identité des utilisateurs. La reconnaissance faciale utilise une analyse approfondie de l'image d'un visage pour identifier des caractéristiques telles que les yeux, le nez, la bouche, les sourcils, etc. Elle les compare ensuite à une base de données d'images enregistrées précédemment pour vérifier l'identité de l'utilisateur.

Cette méthode de sécurité a apporté une nouvelle dimension à la protection des informations en ligne, en permettant aux entreprises de garantir la sécurité des transactions financières et des données sensibles. Avant cette innovation, les méthodes de sécurité telles que les mots de passe et les codes d'authentification étaient souvent contournées par les criminels en ligne, ce qui rendait les transactions en ligne peu fiables. La reconnaissance faciale a permis de résoudre ce problème en fournissant une méthode fiable pour vérifier l'identité des utilisateurs en ligne.

Aujourd'hui, la reconnaissance faciale est utilisée dans de nombreux domaines, allant de la sécurité des systèmes de paiement en ligne à la vérification de l'identité pour l'accès aux téléphones et aux ordinateurs. Cette innovation en matière d'IA continue d'évoluer et de s'améliorer, offrant une sécurité toujours plus fiable pour les utilisateurs en ligne.

2011 - ASIMO danse et marche

En 2011, Honda a présenté au monde son robot ASIMO qui était capable de danser et de marcher de manière autonome. Ce moment a marqué un tournant important dans le domaine de la robotique et de l'intelligence artificielle. Grâce à l'avancement de la technologie d'IA, ASIMO était capable de reconnaître et de réagir aux mouvements et aux instructions des personnes autour de lui. Ce qui a permis à ce robot humanoïde de se déplacer avec fluidité et précision, comme s'il était capable de ressentir et de comprendre le monde qui l'entoure.

L'introduction de ASIMO a montré au monde les progrès réalisés dans le domaine de la robotique et de l'IA, en montrant comment les machines peuvent être programmées pour imiter les mouvements et les comportements humains. Ce genre de technologie a des applications incroyables dans de nombreux domaines, allant des soins médicaux aux services publics en passant par la sécurité.

ASIMO a ouvert la voie à d'autres robots similaires et à d'autres avancées dans le domaine de l'IA. Cette anecdote montre à quel point l'IA a évolué au fil des ans, de ses débuts dans les jeux d'échecs à sa capacité à imiter les mouvements humains, et donne un aperçu de ce à quoi nous pouvons nous attendre dans l'avenir de ce domaine passionnant.

2011 - Reconnaissance vocale pour la maison intelligente

En 2011, une étape importante dans le développement de la technologie de l'intelligence artificielle a été franchie lorsque le premier système de reconnaissance de la voix pour les systèmes de contrôle de la maison intelligente a été lancé. Cela a marqué le début de l'utilisation de l'IA pour améliorer l'efficacité et la commodité de la vie quotidienne. Les utilisateurs pouvaient désormais contrôler leurs appareils électroniques domestiques simplement en utilisant leur voix, sans avoir besoin de se déplacer ou d'utiliser leurs mains.

Cette innovation a ouvert la voie à une série de développements futurs dans le domaine de l'IA pour la maison intelligente, tels que les systèmes de contrôle de la voix pour la télévision, les systèmes de sécurité, les systèmes de climatisation, etc.

Cette avancée a considérablement simplifié la vie quotidienne en permettant un contrôle plus pratique et plus efficace des appareils domestiques, avec pour conséquence une amélioration de la qualité de vie pour les utilisateurs.

2012 - Siri : l'IA pour les produits grand public

L'année 2012 a vu un tournant important dans l'histoire de l'intelligence artificielle, avec l'introduction du système de reconnaissance vocale Siri sur les produits d'Apple. Cela a marqué un point d'inflexion important pour les produits grand public, qui ont commencé à incorporer activement l'IA dans leurs fonctionnalités.

Siri a été conçu pour être un assistant personnel virtuel pour les utilisateurs d'iPhone, en leur permettant d'interagir avec leur téléphone de manière plus naturelle en utilisant leur voix. Grâce à la puissance de l'IA, Siri pouvait comprendre les demandes de l'utilisateur et y répondre de manière efficace, ouvrant ainsi la voie à une nouvelle génération d'assistants virtuels.

L'introduction de Siri a également montré les progrès réalisés dans le domaine de la reconnaissance vocale et la compréhension du langage naturel, qui sont des domaines clés de l'IA. Cela a ouvert la voie à de nouvelles applications de l'IA dans les produits grand public, permettant aux utilisateurs de contrôler leurs appareils de manière plus intuitive et plus efficace en utilisant leur voix.

Aujourd'hui, Siri est devenu un élément incontournable des produits d'Apple et d'autres entreprises proposent également des assistants vocaux similaires, tels que Google Assistant et Amazon Alexa. Les systèmes de reconnaissance vocale sont de plus en plus populaires et sont utilisés pour contrôler les produits de la maison intelligente, les téléphones, les ordinateurs et bien plus encore.

2016 - AlphaGo bat le champion du monde de Go

En 2016, AlphaGo de Google DeepMind a marqué un tournant dans l'histoire de l'intelligence artificielle en battant le champion du monde en jeu de Go. Ce jeu complexe, qui requiert une combinaison de stratégie et d'intuition, a été considéré pendant des décennies comme un défi insurmontable pour les ordinateurs. Cependant, AlphaGo a montré que les progrès de l'IA dans la résolution de problèmes complexes étaient importants.

Cette victoire a été interprétée comme un signe que l'IA était capable de réussir là où même les meilleurs joueurs humains échouaient. Cela a ouvert la voie à de nouvelles applications de l'IA dans des domaines tels que la médecine, la finance et les sciences. En utilisant des algorithmes complexes pour analyser de vastes quantités de données et prendre des décisions stratégiques en temps réel, l'IA a commencé à jouer un rôle de plus en plus important dans notre vie quotidienne.

AlphaGo a également montré que l'IA était capable d'apprendre et de s'adapter rapidement, en utilisant des techniques telles que l'apprentissage par renforcement pour perfectionner ses stratégies au fil du temps. Cette capacité à apprendre sans intervention humaine a éveillé l'imagination de nombreux experts et a suscité des débats sur les implications éthiques et morales de l'IA.

En fin de compte, la victoire d'AlphaGo en 2016 a été un moment déterminant dans l'histoire de l'IA, montrant que les ordinateurs étaient capables de résoudre des problèmes complexes avec une précision et une rapidité surprenante. Cette victoire a également soulevé de nombreuses questions sur les implications à long terme de l'IA pour la société et la vie quotidienne, et a incité les experts à explorer de nouveaux horizons dans le domaine de l'IA.

2016 - Tay : échec d'un chatbot

En 2016, Microsoft a tenté de démontrer les capacités de l'intelligence artificielle en développant un chatbot appelé Tay. Ce dernier avait pour objectif d'imiter les jeunes adultes sur Twitter en utilisant un langage naturel.

Cependant, les utilisateurs ont rapidement commencé à enseigner à Tay des propos racistes, sexistes et haineux, montrant ainsi les limites de la programmation de l'IA. Les algorithmes de l'IA ne font que répéter ce qu'ils ont appris, et sans la supervision adéquate, ils peuvent facilement être influencés à transmettre des messages inappropriés.

Malgré ses nobles intentions, Microsoft a dû retirer Tay en moins de 24 heures en raison de la controverse qu'il a générée. Cette anecdote montre combien il est important de superviser les algorithmes de l'IA pour éviter les problèmes éthiques. C'est un appel à la responsabilité pour les développeurs d'IA, qui doivent être conscients des implications potentielles de leur travail et prendre les mesures nécessaires pour éviter les erreurs. L'IA peut offrir de nombreuses opportunités pour améliorer notre vie quotidienne, mais seulement si elle est développée de manière éthique et responsable.

2017 - IA génère des images photoréalistes

En 2017, NVIDIA, une entreprise leader dans la technologie de l'IA, a frappé un grand coup en développant une IA capable de générer des images photoréalistes à partir de données brutes. Cette révolutionnaire technique appelée "génération adversariale" a été largement saluée pour son potentiel à changer la façon dont les images sont créées et utilisées.

La génération adversariale fonctionne en utilisant deux réseaux de neurones distincts qui travaillent ensemble pour générer des images de manière réaliste. Le premier réseau, appelé générateur, crée une image à partir de données brutes aléatoires. Le second réseau, appelé discriminant, analyse l'image générée pour déterminer si elle est réaliste ou non. Si le discriminant détermine que l'image n'est pas réaliste, il la marque comme telle et envoie des informations de correction au générateur. Ce processus se poursuit jusqu'à ce que le discriminant considère l'image comme étant réaliste.

La génération adversariale a ouvert la voie à de nouvelles applications pour l'IA dans divers domaines, notamment la photographie, le cinéma et les jeux vidéo. Cette technologie permet également de générer des images plus rapidement et de manière plus efficace que les méthodes traditionnelles, ce qui est particulièrement utile pour les applications en temps réel.

2018 - Tesla : la conduite autonome arrive

En 2018, Tesla a marqué un tournant majeur dans le monde de la mobilité en développant un système de conduite autonome de pointe. Cette innovation en matière d'IA a permis de faire un pas de plus vers la réalisation du rêve de la conduite sans intervention humaine. Ce système autonome a été conçu pour prendre le contrôle du véhicule en toutes circonstances, du démarrage à l'arrêt, sans que le conducteur n'ait à poser les mains sur le volant.

La réalisation de ce système a nécessité une combinaison de technologies avancées, telles que la reconnaissance d'objets, la cartographie, la planification de trajectoire et la prise de décision en temps réel. Toutes ces technologies sont liées à l'IA et ont été intégrées de manière à travailler ensemble de manière transparente et efficace.

L'implémentation de ce système de conduite autonome a ouvert la voie à de nouvelles possibilités dans le monde de la mobilité. Les personnes peuvent désormais effectuer leurs déplacements en toute sécurité et confort, sans avoir à se concentrer sur la route. Cela a également permis de réduire les accidents de la route, grâce à une conduite plus efficace et plus sûre.

2018 - Une IA crée des visages réalistes à partir de texte

En 2018, les universités de Stanford et de Berkeley ont développé une intelligence artificielle capable de générer des images de personnes qui n'existent pas en utilisant un générateur de visages. Cette IA a montré la puissance de l'apprentissage profond en permettant de créer des images très réalistes de personnes qui n'ont jamais existé.

Cette percée technologique a suscité de nombreuses discussions sur les applications potentielles et les implications éthiques de l'IA en matière de création d'images. Certaines personnes se sont inquiétées de la façon dont cette technologie pourrait être utilisée à des fins malveillantes, telles que la création de fausses images pour tromper les gens. D'autres ont souligné les avantages potentiels, tels que la capacité de créer des images plus diversifiées et représentatives pour les industries de la publicité et du cinéma.

En fin de compte, cette anecdote montre l'incroyable potentiel de l'IA dans la création d'images réalistes et la nécessité de continuer à explorer les applications éthiques de cette technologie.

2019 - MIT : Une IA plus rapide que les médecins

En 2019, les chercheurs du MIT ont fait un pas en avant dans le domaine de l'intelligence artificielle en développant un système capable de détecter des erreurs dans les tests médicaux plus rapidement et plus efficacement que les médecins. Cette percée a suscité de grandes attentes quant à la façon dont l'IA pourrait améliorer les soins de santé en augmentant la précision et en minimisant les erreurs médicales.

Le système développé par le MIT utilise des algorithmes avancés pour analyser les résultats de tests médicaux en temps réel, comparant les résultats aux normes établies et détectant toute anomalie. Il peut également prendre en compte les informations démographiques et les antécédents médicaux d'un patient pour une analyse plus approfondie.

Cette innovation a été accueillie avec enthousiasme par les professionnels de la santé, qui voient en elle un moyen de travailler plus efficacement et de mieux soigner leurs patients. De plus, en permettant aux médecins de se concentrer sur les tâches qui nécessitent une expertise humaine, l'IA peut les aider à se concentrer sur les aspects les plus importants de leur travail, tels que la prise de décisions cliniques et la communication avec les patients.

En somme, l'IA a montré sa capacité à améliorer les soins de santé en détectant les erreurs dans les tests médicaux avec une précision sans précédent. Cela ouvre la voie à un avenir où l'IA peut jouer un rôle clé dans la prestation de soins de santé de qualité supérieure.

2019 - GPT-3 : La révolution

En 2019, la société OpenAI a marqué un tournant dans l'histoire de l'intelligence artificielle en développant GPT-3, l'un des plus grands modèles d'IA jamais créés. Ce modèle d'IA a été conçu pour générer du texte, du code et même de la musique, démontrant les capacités incroyables de la technologie de l'IA dans le monde de la création numérique.

GPT-3 a été formé en utilisant des milliards de phrases, permettant à l'IA de comprendre les nuances du langage humain et de générer du contenu qui ressemble à celui écrit par un être humain. Cela signifie que GPT-3 peut être utilisé pour créer des articles de presse, des discours, des poèmes et même des scripts de films.

L'incroyable capacité de GPT-3 à générer du contenu de qualité supérieure a suscité un intérêt massif de la part des développeurs, des marketeurs et des entreprises en quête de moyens plus efficaces de créer du contenu. Cependant, il a également soulevé des questions sur les implications éthiques de l'utilisation de l'IA pour générer du contenu, notamment en ce qui concerne la responsabilité de la vérification de l'exactitude des informations générées par l'IA.

Malgré ces défis éthiques, GPT-3 reste un modèle d'IA fascinant qui ouvre de nouvelles voies pour la création de contenu grâce à l'IA. Il s'agit d'une étape importante dans l'évolution de l'IA en tant qu'outil de création, et il sera intéressant de voir comment les développeurs utiliseront GPT-3 pour élargir les capacités de l'IA dans le futur.